U0840099

气象的故事

金南吉◎文 姜孝淑◎图 金炫辰◎译

漓江出版社
桂林

图解气象的故事

Copyright© 2008 by Kim Nam-Gil & illustrated by Kang Hyo-Sook

Simplified Chinese translation copyright© 2013 Lijiang Publishing Limited

This translation was published by arrangement with GrassandWind Publishing through SilkRoad Agency, Seoul.

All rights reserved.

著作权合同登记号桂图登字:20-2013-079 号

图书在版编目(CIP)数据

图解气象的故事/(韩)金南吉 撰;(韩)姜孝淑 绘;金炫辰 译. —桂林:漓江出版社, 2013.8(2019.2 重印)
(我的第一堂科学知识课系列)
ISBN 978-7-5407-6604-7

Ⅰ. ①图… Ⅱ. ①金… ②姜… ③金… Ⅲ. ①科学知识-初等教育-教学参考资料 Ⅳ. ①G623.6

中国版本图书馆 CIP 数据核字(2013)第 146555 号

策　　划:刘　鑫
责任编辑:刘　鑫
美术编辑:居　居

出版人:刘迪才
漓江出版社有限公司出版发行
广西桂林市南环路 22 号　邮政编码:541002
网址:http://www.lijiangbook.com
全国新华书店经销

晟德(天津)印刷有限公司印刷
开本:787mm×1 092mm　1/16
印张:8.25　字数:50 千字
2013 年 8 月第 1 版　2019 年 2 月第 6 次印刷
定价:35.00 元

前言

在地球的大自然环境中，气候造成的影响是深远的。恐龙和长毛象曾活跃在远古时期的地球上，但这些雄霸一方的主角早就消失在历史中，只留下化石。它们为什么没办法继续传宗接代而是遭到灭绝呢？虽然有很多种说法，但可以确认的事实是，它们因为熬不过气候变化而绝种。

地球的年平均气温原本是 15 摄氏度，这是我们生存时最舒适的温度。可是工业化带来了平均气温的变化，人类为了获得工业化的能源，变得像土拨鼠一样，开始挖掘化石燃料。人类的生活越讲究舒适，需要的化石燃料就越多，人类搭乘“文明发展”的快速列车，不断往前奔驰。结果，排放出的二氧化碳，使得地球的年平均气温上升了 0.74 摄氏度。

如今我们所居住的地球，几乎天天发生自然灾害。洪水、森林大火、干旱、暴风雪、酷暑、台风等接二连三，发生在全球各地。有些地区数十年来第一次降下大雪；有些地区气温飙破 40 摄氏度；也有些地区持续下了好几天的大暴雨，造成洪水。而地球变暖的元凶就是我们自己，大家都被关在 15.74 摄氏度的地球温室中。也就是说，大自然灾害的火苗随时都有可能掉到我们头上。地球的脾气为什么变得这么恶劣呢？

本书除了介绍一般的气候常识，也说明为什么气候会与人类为敌。希望大家阅读本书之后，在增加气候知识之余，也能仔细思考气候变化造成的环境问题。

金南吉

目录

天气和气候

“气象”，是指大气的状态和现象。温度、湿度、风、云等，是了解气象的重要因素。我们会感觉寒冷或炎热，是因为气象在变化的缘故。

天气是指一天或几天的气象状态。雪、雨、雾、阴、晴等气象状态与生活有密切关联。通过天气预报，我们可以得知明天、后天或是未来一周的天气。

气象局利用卫星照片和雷达观测各种气象变化后，作出天气预报。预报员常会如此预报天气：“明天全国大部分地区都是晴朗的好天气。”或：“周末早上会开始下雨，外出时请准备雨伞。”我们坐在家里不仅能了解全国的天气，也能了解全世界的天气。因为天气预报是观测短时期的气象状态后所得出的结果。

透过卫星照片可以预测天气，但缺点是并不准确。尤其是预报几天后的天气时，准确率会降低。你们也有被天气预报欺骗的经验吧。大家都曾因为错误的气象报告而取消约会或被淋成落汤鸡。

天气预报发生错误，是因为气象随时都会作怪。天空的积雨云常常突然间改变方向，或一刹那间像变魔术般消失不见。以现在的技术，仍无法掌握局部气象的变化细节。因此为了避免发生预测不准的情况，天气预报员会报告概率，例如“降水概率有百分之几”。

气候与天气不同，是综合长期的气象来判断。每年春、夏、秋、冬的气候状况大致相近。我们只要看月历，就可以大致了解未来的气候会怎么变化。春天过去，夏天来临，接着是秋天和冬天，不会有从夏天突然跳到冬天的情况。不用靠任何预报，就可以预测这样的气候转变以及一个月后或一年后的天气状态，因为每一年的气候都会经历循环的过程。

不过，只通过对气候的预测，没办法知道特定日子的气象。例如，我们可以确定一年后的今天是夏天，但无法预测一年后的今天是晴天或雨天。因为气候是以过去累积的气象资料为依据，来预测未来的气象，只能做较长时期的大范围概略预测。

每个国家的气候都不同

每个国家的气候都不同。1918 年，德国气象学家弗拉迪米尔·彼得·柯本（Wladimir Peter Köppen）经过多次修改后，将世界的气候区分为：热带湿润气候、热带雨林气候、热带季风气候、热带草原气候、干燥气候、沙漠气候、草原气候、温带湿润气候、温带夏干气候、温带冬干气候、温带常湿气候、寒带湿润气候、寒带冬干气候、寒带常湿气候、苔原气候、冰原气候、山地气候、高原气候共十八种。区分气候的第一要件，就是调查自然植被（蓝色字体书后有名词解说）的生成情形，因为自然植被是受气候影响最多的代表性标本。第二要件，就是调查一年的平均气温和降水量。

柯本把这些资料都综合起来，画出了气候分布表，显示各地区的气候类型，以便让大家一目了然地看懂世界的气候。现在我们就一起来研究一下，各地区的气候有什么不同吧！

温带气候

温带气候是地球上最理想的气候，集中在北半球的中纬度地区。例如东北亚、北美和西欧国家，四季分明，都是属于温带气候圈的国家。

温带气候圈的国家虽然位于相似的纬度，但是东西方的气候却有差异。

以中国华北地区为例，夏天时受到东南季风的影响，会有周期性的锋面北上，常常降下大暴雨。因此夏天时炎热、潮湿，常会汗流浃背，不舒适指数升高，当空气中的湿度达到 80% 以上时，不舒适指数最高。

冬天时由于受西北季风的影响，会转变为寒冷又干燥的天气。虽会降雪，但比夏天的降水量明显少很多。

西欧和北美地区国家，气候状况与东北亚不同。夏天时气温高但湿度低，因此不会汗流浃背。到了冬天，却常常起雾，或降下很多雪和雨，使得湿度升高。这种温带气候又称为“地中海型气候”。

热带气候

位于赤道附近的国家都属于热带气候圈。这些国家没有春天和秋天，只有夏天和冬天。但是夏天和冬天的温差不大，整年都持续炎热的天气，年平均气温18摄氏度以上。

东南亚和南美的亚马逊地区便属于热带气候。这些地区常会降下“飑”的阵雨，而且白天和夜晚的温差也不大。

非洲中部地区也属于热带气候。该地区的气候又叫做“稀树草原”气候，每年各有六个月的干季和雨季。干季时天气酷热得使河底龟裂，但到了雨季时，暴雨又会瞬间形成滚滚河川和湖泊。

★飑 biāo：指强烈的地方性风暴，包括风、云、降水、雷及闪电，类似中国的午后雷阵雨。

亚热带气候

亚热带位于温带和热带之间。中国华南地区、中国台湾、印度、西亚及北非就属于亚热带气候。

华南地区夏天时受到西南季风的影响，每年五六月时，从华南到长江流域一带，会有一道近似滞留的锋面，因气流不稳定及充沛的水汽，常持续降雨，俗称为梅雨。冬天时则受东北季风的影响，降雨相对较少，称之为枯水期。

亚热带气候的干燥地区，分布有宽广的沙漠。白天时持续酷热高温，到了夜晚会吹起沙尘暴，气温突然大幅降低。降水量太少，使得植物几乎没办法生长，这种地区的气候又叫做“沙漠气候”。

沙漠气候地区的周边则会降下一点雨水，因而有些地方会有草原，可以放养牲畜。这种地区的气候称为“草原”气候。

亚寒带针叶林气候

亚寒带针叶林气候分布在西伯利亚到加拿大北部的宽广地区，这个地区又称为“泰加林带”（Taiga），以长满针叶树为特征。亚寒带针叶林气候地区的夏季平均气温约10摄氏度，冬天的气温则降到零下30至零下40摄氏度。因此有些地区的夏天和冬天年温差达到50度以上。亚寒带针叶林气候北部地区的冬雪到了夏天也不会融化，但是南部地区比较温暖，可以栽种春小麦。

寒带气候

寒带气候位于南北极圈内，各月平均气温皆在 10 摄氏度以下，又称为“苔原”气候。苔原上一整年持续寒冷，树木几乎没办法生长，仅有三个月的短暂夏季期间会生长麋鹿喜欢的苔藓。苔原地区很难耕种农作物，因此原住民都以捕猎鲑鱼或麋鹿维生。

寒带地区中的极地最寒冷。北极圈内的格陵兰内陆和整个南极大陆都属于极地，只在夏天时，海岸边才能看到苔藓。

南极比北极更冷，南极点的平均气温是零下 55 度，而最低温是零下 89.2 度，这是 1983 年时在南极的俄罗斯沃斯托克（Vostok）基地测量到的纪录。

季节是怎么形成的?

明显的四季变化只出现在北半球的中纬度地区。为什么中纬度地区能够拥有四季分明的理想天气呢?

地球会自转，但转轴并不是垂直的，而是往右倾斜 23.5 度，这样的自转不但形成白天和晚上，而且是产生季节的原因。地球每年绕着太阳公转一圈，由于地轴倾斜 23.5 度的关系，每一季节受到阳光照射的量不同，而地球表面则会依据受到多少阳光，产生不同的气候变化。假如地轴没有倾斜 23.5 度，可能就没有四季，只有春天和秋天而已。我们现在就来研究一下季节

是怎么变化的吧！

太阳从右边直射北半球时，北半球的中纬度地区是夏天。因为地轴往右倾斜，阳光直射在北回归线上，所以北半球的中纬度地区会很热。

相反地，太阳从左边直射南半球时，北半球的中纬度地区是冬天。因为地轴往右倾斜，阳光直射在南回归线上，却只能以最大的倾斜角度斜射北半球的中纬度地区，使得阳光的强度减到最弱，因此气候变冷。

北半球的冬季之后，地球继续沿逆时针方向公转，直射的阳光逐渐由南回归线北移至赤道，北半球的中纬度地区开始受到斜射角度较小的较多阳光，气候逐渐变得暖和，开始迈入春天。

北半球的夏季之后，地球继续公转，直射的阳光逐渐由北回归线南移至赤道，北半球的中纬度地区受到的阳光因照射角度越来越大而变少，气候逐渐变凉，进入秋天。

北半球的中纬度地区会因太阳和地球的位置改变，而产生季节的变化；换言之，就是依据阳光照射量的不同，形成寒冷和炎热的气候。

热带地区和极地也一样因为受到阳光的影响，而产生极端的气候现象。热带地区位于地球赤道附近，无论太阳位于地球的哪一边，赤道附近都会受到酷烈阳光的直射，因此一整年都是酷热的天气。

相反地，极地位于只能接受到很少阳光的位置，因此几乎每天都是寒冷的天气。极地会产生夏天和冬天每六个月轮替一次的现象。当太阳直射北半球的六个月期间，北极圈是夏天，南极圈是冬天。相反地，当太阳直射南半球的六个月期间，南极圈是夏天，北极圈是冬天。六个月的夏天期间约有三个月之久，阳光会持续照射到北极圈或南极圈，出现白夜（又称为永昼或极昼）现象。白夜就是到了夜间仍有太阳的现象。相反地，

六个月的冬天期间约有三个月之久，阳光都照不到北极圈或南极圈，出现永夜（极夜）现象。

春分（3 月 20 日或 21 日）过后，北极点就会出现白夜现象，范围逐渐扩大；至夏至（6 月 21 日前后）时范围最大，达到北极圈。之后，极昼范围逐渐缩小，至秋分（9 月 23 日前后）缩至北极点；秋分过后，换南极出现白夜。

在极地附近，黑夜中偶尔会出现极光。这是原本聚集在地球磁极附近的太阳带电粒子流，使高层大气分子或原子激发，喷射出华丽光彩的现象。

太阳不仅会控制地球的气候，而且会演出超自然现象。

不断循环的风

风是空气的快递员

风，一刻都不会安静下来，总是会跑来跑去。世界上应该没有像风这样忙碌的非生物吧！风东奔西跑，担任移动空气的角色。夏天时会送出湿热的空气，冬天时则带领寒冷的空气活动。

其实冬天里只要没有风，就不会那么冷。因为风不断地送来冷空气，我们的身体才会觉得很冷，水也会冻结，所以害气温降低的凶手就是风。

那么风是怎么吹的呢？风具有从高气压处移向低气压处的性质。白天时，海洋上方的气压比陆地上方的气压高，晚间时则比陆地上方的气压低。因为白天地面的空气较易受热而膨胀，上升至高空降温后移向海洋上空，而海面的空气也会移向陆地，填补地面上升空气的位置。因此白天时，风从海

面吹向陆地，称为海风；相反地，到了夜间，地面很快降温，海面则慢慢降温而形成低气压，所以会产生从陆地吹向海面的陆风。

就这样，风会保持一定的规律，只在大气内环绕，绝对不会逃脱至外层空间，因为地球的地心引力会把风紧紧地吸住不放。

落山风：每年冬天，东北季风吹袭位于中国台湾地区中央山脉末端的恒春半岛时，由于地势逐渐向鹅銮鼻下降，东北季风容易翻越山脉，属于下坡风，俗称为落山风。

由于强风的方向顺着地形而改变，出了中央山脉之后，会形成湍流，袭卷在背风坡的地区，使得沙尘飞扬，海边的沙砾会堆积到台湾中部地区，当地人称这个现象为“风吹沙”。

龙卷风：一般的风通常是看不见的，但有些风却可以用肉眼看到，那就是龙卷风。龙卷风因为卷起尘土一起旋转，所以看得到。

天空与地面的空气温差过大时，冷空气会突然下降穿过热空气层，迫使暖空气急速上升，此时会形成旋风。空气的温差越大，龙卷风的转速就越快；空气温差大的范围越大，形成的龙卷风规模也越大。龙卷风会在形成后立即消失，因此又被称为“局部风”或“阵风”。有时人或动物也会被卷入旋风中，飞离地面，威力十分可怕。

如果说天上降下鱼群，你会相信吗？但有时真的会发生令人不敢相信的事情。

在水面上形成的龙卷风，又称为“水龙卷”。发生水龙卷时，水和鱼会一起被卷入旋风中；水龙卷结束时，水会像阵雨一样降下，鱼也会掉落地面。曾经发生过在水龙卷结束后，天上扑通扑通地降下“鱿鱼雨”的事件呢！

美国每年会发生500多次龙卷风，其中强烈的龙卷风会把房子和汽车都吹走，摧毁周边的一切。

龙卷风多半在5月时发生，因为这时受到暴风雨的影响，天空和地面的温差很大，加上宽广的大平原，正好适合龙卷风的形成。

强大龙卷风的中心风速每秒达 100 米，这种规模的龙卷风经过时，连又重又坚固的火车都无法逃过一劫。1931 年，美国明尼苏达州发生的龙卷风，把 83 吨重、搭乘了 119 位乘客的火车都摧毁了，真的很恐怖吧？

季风：每年都固定会吹的风。春天时从东方吹来东风，夏天时从南方吹来南风，秋天时从西方吹来西风，冬天时从北方吹来北风。不同季节从东西南北方吹来的这些风，可说是广义的季风。

狭义的季风实际上是指大陆和大陆之间吹的风，在夏天和冬天时发生。在华南地区，夏天时会吹西南风；冬天时会吹东北风。这种真正的季风，英文称为“monsoon”。

盛行西风和信风：盛行西风和信风是全球性的大规模风带。盛行西风发生在北半球和南半球的中纬度地区，偏向东方吹袭，又称为“西风带”。

中国华北地区每年春天时都会受到沙尘暴侵袭。大多数沙尘是随着蒙古高原地区的盛行西风飞到华北。盛行西风移动期间，会在高空上产生喷射气流，使沙尘快速散播，不但影响华北和朝鲜半岛，甚至能飞越太平洋地区。

信风是从北半球和南半球大陆分别吹向赤道的风。由于每年都会定期出现，因此命名为信风。因为自古以来，贸易船都是顺着这种风航行，又称为贸易风。它在北半球吹的是东北风，在南半球吹的是东南风。

高气压和低气压

空气是有重量的，因为重量而产生的压力就称为“气压”，不同重量的气压在大气中流动着。一般来说，大气中气压比邻近地区的气压高时称为“高气压”，比较低时称为“低气压”。

我们平常完全感觉不到气压高或低。但是你可能有过这样的经验：登上高山时突然觉得耳朵很闷。那是因为山上与山下的气压差异，耳朵里的平衡失调所产生的现象。

在气象上，高气压区通常天气晴朗，低气压区则常是阴雨天气。因此人们常依据这两种气压的变化来判定天气的好坏。

两种气压互相维持平衡时，大致上会是持续稳定的天气。但是地表的空气受热到一定程度时，体积会膨胀，密度会变低，开始往上升，边上升还会边降压、膨胀与降温，甚至带动周围的空气一起往上升，形成上升热气流。如果热气流强度够大，会让稳定的气压失去平衡。

炎热的天气会使地表的水体蒸发，形成水蒸气，很多水蒸气随着热空气上升进入大气时，空气的密度会升高，然而热空气膨胀时，必须推开四周的空气，耗损本身的热能，会导致周围的温度快速下降。这时大气中的水蒸气会瞬间凝结，转变成云。这种低气压发达的状况称为“形成了低压槽”。

高气压和低气压在低压槽中激烈地争斗。假如低气压在这场争夺战中占得上风，形成锋面，天空会被巨大的云朵覆盖，随即开始下雨。

一般来说，下大雨时，云朵像千层糕一样一层层叠起来，这种云称为“积雨云”，积雨云覆盖天空，变成一片乌黑。为什么会这样？因为云朵层层叠起来时，阳光没办法穿透云朵，只会在较低处的云朵造成阴影，因此天空乌云密布，天色阴暗。

云是由无数的微小水珠形成的，它们会互相凝聚，变成较重的大水珠后，便会往下掉落至地面，这就是雨滴。冬天时则是变成雪，飘落下来。在仲夏，有时云朵里的水珠碰撞冷空气，会突然结冻，变成冰雹掉落下来。冰雹有很多种，有的像豆子一样小，有的像栗子一样大。无论是哪种冰雹，一旦落下来，都会伤害到农作物。冰雹总是在突然间急速形成，连气象局都无法预报。

雾是微小水珠飘浮在低处的状态。某一区域的大气压全面降低时，水蒸气没办法上升，便逗留在地面附近徘徊。在清晨时，池塘上会升起水雾，这水雾就是水蒸气凝结成的。随着温差越来越大，大气中的水蒸气便凝结成雾。雾在夏天时结为露水，冬天时则结为霜而落下。

打雷与闪电：云层内的各种微粒因为互相碰撞摩擦而累积正负电荷。电荷平常不会流动，但在饱含水汽的乌云里，则会展现可怕的威力。

乌云移动时，充满湿气的大气中开始有电荷流动。电荷具有顺着湿气聚集在一起的性质，到了某一瞬间，会突然放电以便释放电能。

你们都曾看过天际射出一道很亮的光线后，紧接着听见巨大的声音的现象，那光线就是闪电——也叫做霹雳或落雷。闪电主要发生在云朵之间，但云与地面之间也会发生。

闪电后一定会打雷。打雷是云间电荷突然放电时，使空气瞬间膨胀所发出的声音。闪电后才打雷，是因为光速比音速快。光速每秒 30 万千米；音速每秒才 340 米而已。就像在山上高喊“呀呼！”过了一会之后才会听见回音一样。

闪电会优先落在高地或容易导电的地方，因为一般物体都带有静止电荷（静电），尖端处的电荷比一般表面更集中，在闪电等强电场作用下，尖端处的电场强度剧增，很容易使周围的空气电离（使物质的原子或分子变成离子的过程）而放电，称为尖端放电，会吸引闪电产生连结，因此很多时候闪电会落在高塔或金属物体上。闪电会在一刹那间释出非常大的电能，因此万一有人被它击中就很难活命。

为了避免发生这种危险，装设避雷针是常见的方法。高耸的建筑物都会装设避雷针。形状如三叉戟的避雷针，具有将闪电引导至地底的功能。

人处在没有避雷针的空旷平地上时，要特别注意。闪电可能下一瞬间就落在最突出的物体上，因此非常危险。为了避雨而站在大树下，人和树一起遭到雷击的概率很高，在空旷平地撑雨伞也很危险。总之，天气开始变阴时就先远离危险场所是最安全的做法。

狂风暴雨，热带性低气压

中国南方沿海地区每年都会有令人讨厌的客人来访，那就是台风。台风经常挟带强风大暴雨，展现非常恐怖的威力，有时会将大树连根拔起，或是淹没无数房屋和农地。

从夏天到秋天，都会有台风侵袭中国沿海，越晚到的台风，威力越强大。因为这时北方冷高压势力逐渐增强，若秋台风出现在中国南方海域，南北方向的气压梯度会增大，加上东北季风，风势将更为强大。

台风属于“热带性低气压”。全世界每年会产生一百多个热带性低气压，所有热带性低气压都产生于赤道附近。热带性低气压有时会自然消失不见，但有时则会毫无预期地增强到令人不可思议的地步。根据世界气象组织的定义，中心风速每秒在 32.7 米以上的热带性低气压称为台风或飓风，因为发生的海域不同而叫法不同。

发生在西北太平洋包括中国南海的，被称为“台风”；在北太平洋东部和加勒比海及墨西哥湾产生后，侵袭附近地区的称为“飓风”；在印度洋孟加拉湾及阿拉伯海产生的称为“气旋”；在南太平洋产生的原本称为“威利威利”，但现在都以“气旋”取代“威利威利”。

台风的名字

台风依发生的顺序而轮流使用早已选定的名字。以前的台风都是采用英文贝蒂（Betty）、莎拉（Sarah）、露莎（Rusa）等女生的名字，因为希望恐怖的台风能变得像温柔的女生一样。

为了回应舆论关于旧有命名方式是歧视女性的批评，设于关岛的美军联合台风警报中心（Joint Typhoon Warning Center，简称 JTWC）从 1978 年开始，以男女名字各半的比率来命名。

1998 年，台风影响圈的十四个台风委员会成员（中国、韩国、美国、日本、菲律宾、越南等）经过开会讨论，决定自公元 2000 年起，改由各国提出十个以本国语言命名的台风名字，与各成员国的台风名字轮流使用。

中国提出的十个名字是：海葵、玉兔、风神、杜鹃、海马、悟空、海燕、海神、电母、海棠。

各国提出的 140 个台风名字，从 2000 年 1 月 1 日开始轮流使用。不过造成严重灾害的台风名字日后便不再采用。例如，2003 年 9 月时，朝鲜命名的梅米（鸣蝉）台风造成了很大的灾害，因此便不再使用这个名字，而改用朝鲜另外提出的“莫吉给”（彩虹）取代“梅米”。

台风到底是怎么形成的?

赤道附近天气持续炎热时，海水的蒸发速度会加快。一般来说，海面的温度达 27 摄氏度以上时，大量的水蒸气会乘着上升气流升上天空。产生上升气流时，周围的风会吹过来填补该空间，而持续吹来的风又助长了上升气流，结果蒸发更大量的水蒸气。

充满水蒸气的上升气流，因地球的自转而以逆时针方向回转，这种现象就是热带性低气压。这时中心部位因为离心力而形成的无风地区，就是所谓的台风眼。

台风在移动中与冷空气碰撞时，势力会逐渐强大起来，有时半径会因此达数百千米宽。

但是不管台风多大，中心部位的台风眼里都不会有云，因为中心的上空会有寒冷的下降气流，推开了云层。台风的中心气压以百帕（Hectopascal）为单位，中心气压越低，台风的威力就越大。

台风会挟带强风大暴雨，因此台风经过的地区，会同时受到风和雨的影响，而变得一片混乱。

每年在菲律宾附近形成的台风约有三十个，其中直接侵袭中国沿海的台风约有七八个。

气候对人类的影响

地球历史中的气候

气候具有很恐怖的力量，能决定所有生物的生存与否。自从地球诞生以来，每一次巨大的气候变化，都造成生命体的诞生与灭绝。过去的地质年代，恐龙与长毛象都是因为突如其来的气候变化而在地球上消失。

对于恐龙灭绝的原因有很多推论，最具代表性的推论有两个：可能是巨大陨石撞击地球，引起了气候变化；也可能是火山激烈活动，造成气候巨变。在这两个推论中，造成气候变化的原因都在于烟尘或火山气体覆盖了大气层。

大气层中如果布满烟尘或火山气体，阳光无法穿透云层，就会导致地球温度突然降低。体积庞大的恐龙适应不了这种寒冷，因此集体死亡。

而使长毛象灭绝的原因是冰河期的酷寒。在冰河期的初期，长毛象虽然极力求生，但最后还是因为找不到食物而惨遭灭绝。

人类的伟大在于，尽管气候发生遽变仍然善于适应环境。大约二百万年前，人类才出现在地球上。他们每次遇到冰河期，都很有智慧地克服困难。利用火而度过寒冷的天气，发明衣服、房屋、工具等而生存下来。

不过人类克服气候问题，最终能生存下来的根本原因，就是解决了粮食问题。居住在较温暖地区的人类，创造了农耕文化，巩固了自给自足的基础。居住在北极这样寒冷地区的人类，也能发挥生存的潜力。他们建造冰屋，猎捕动物，这个民族被称为“爱斯基摩人”。

后来爱斯基摩人迁徙至美洲大陆，成为捕猎野牛过活的印第安族。这支印第安族中的一部分人再往南移，定居成为南美洲的印第安人。人类就像这样，在恶劣的气候条件中也能生存下来，因此才成为万物之灵。

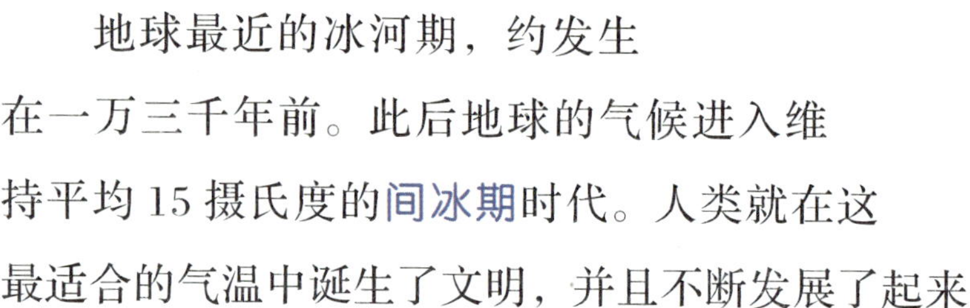

地球最近的冰河期，约发生在一万三千年前。此后地球的气候进入维持平均15摄氏度的间冰期时代。人类就在这最适合的气温中诞生了文明，并且不断发展了起来。

自公元前到十九世纪为止，并没有发生威胁全体人类的大型气候变化，只有火山活动、旱灾、洪水、酷寒等一时性的气候变化而已。人类每次遇到大自然灾害时，都依靠祈求神明及顺应大自然，而安然度过。

不过，一时性发生的气候变化，有时会导致把人类推向战争的后果。发生大洪水或旱灾时，会出现农田消失或数万人丧生，各国因而产生危机意识，为了占据肥沃的土地，开始不断侵略邻国。回顾历史，掠夺土地的战争大部分都是为了夺取奴隶和粮食。

1815年，印尼的坦博拉（Tambora）火山大规模喷发，使得全欧洲都被火山灰的阴影覆盖，那一年的夏季因而消失。结果农作物没办法结果实，使得数百万欧洲人陷入饥饿。而且火山爆发的影响持续了十五年，造成天气不断变化；忽冷忽热的异常天气，导致农作物生病。

从1400年到1800年之间，周期性发生“小冰河期”的异常气候，不断给欧洲人带来困扰。当时科学家们认为，小冰河期发生的原因在于太阳黑子。也就是说，他们认为太阳黑子增加，导致阳光的温度降低。

不管怎样，突如其来的气温变化，首先对农作物造成伤害，因此欧洲遭遇了严重的粮食问题。

欧洲的强国在面临粮食问题时，开始注意到传闻中的未知大陆。为了获得更宽广的农地，开始派船越过大洋，积极寻找开拓新大陆。

改变历史的天气

在人类的历史中，有很多因为天气的缘故，一个国家的兴衰存亡被完全改变的例子。

13 世纪初，建立蒙古汗国的成吉思汗一一征服了周边国家，占领了广阔的土地，其势力范围横跨亚欧大陆。

1274 年，成吉思汗的孙子、建立元朝的忽必烈汗派出 1000 艘舰船进攻日本，占领了对马岛和壹岐岛，并准备登陆日本领土。然而这时刮起了非常大的台风，摧毁了忽必烈汗的舰队。

1281 年，元朝军队再次发动 3500 艘舰船远征日本。很巧的是，这次也遭遇了很大的台风，元朝军队再次被摧垮。两次的远征都遭失败，使得元朝受到很大的打击。到了 1368 年，饱受征伐之苦的人民在揭竿起义后，推翻了蒙古人建立的元朝。

当时的日本人将救国的台风形容为“天神帮助我们的风”，而尊称为“神风”。假如没有那两次台风，也许日本会被元朝占领，而且元朝也不会那么快就灭亡。

中世纪晚期的欧洲国家中最强的就是西班牙。西班牙在菲利普（Felipe）二世时，将南美大陆及欧洲的葡萄牙和荷兰都当成殖民地。然而当时的英国为了掌握海权，而时常掠夺满载宝藏的西班牙船只。于是怒气冲冲的菲利普二世，为了打败英国而出动了无敌舰队。1588年，无敌舰队的130多艘船只航向英国，却遇到了伏兵——风，因为逆风阻挠了无敌舰队的航行。无敌舰队冒着强风，好不容易才抵达了英国海岸。

但是这时已经疲惫不堪的无敌舰队，却发现前面是一大片浓雾在迎接他们。

因为浓雾的干扰，西班牙的无敌舰队被英国舰队团团包围，宛如瓮中之鳖，惨遭一连串的火炮攻击。结果西班牙无敌舰队在连反抗机会都没有的情况下大败，而且逃回西班牙的途中还遭到暴风侵袭。

自从这次海战之后，英国取代西班牙成为“日不落”的世界最强帝国。相反地，西班牙却在一日之间沦落成宛如“无牙老虎”的弱国。

假如当时天气晴朗，西班牙击败了英国，将会有什么样的结果呢？也许西方的历史会改写吧。

如上所述，看似不起眼的天气因素，也会改变人类的历史。那么，如果气候彻底改变，人类的历史又会发生怎样的改变呢？

越来越热的地球

如果人类最后会从地球上消失，那么因为气候而灭绝的概率最高。地球从四万多年前的新生代第四纪以来，开始交替出现冰河期和间冰期。根据研究结果，其周期为大约一万到一万五千年。有的学者主张，未来一千到两千年后，冰河期会再次来临。

另一派学者警告说，冰河期来临前，地球会受到酷热之苦，所有生物可能全部灭绝。从现在的气候状态变化来看，后者的说服力比前者高。人类因酷热丧命的危险性远比冻死的可能性高，因为地球一天比一天热。

十九世纪工业革命之前，包含极地和热带地区的全球平均气温，约为 15 摄氏度。但 100 多年后的现在，地球平均气温升高了 0.74 摄氏度左右，结果使得地球因气候异常而痛苦不堪。世界各地动不动就发生旱灾、暴雪、热浪、洪水、寒害、森林火灾等大自然灾害。异常气候现象从 1980 年代开始便经常发生，如今仍然持续进行中。

气温只升高 0.74 度而已，地球怎么会像生大病一样，浑身伤痕累累呢？或许你们不太能体会 0.1 度的温差有多大。不过从地球全体来看，0.1 度的温差却能使水结冰和使冰融化。

0 度是让水结冰的“冰点”。从冰点上升 0.1 度，冰就会融化成最冷的水；相反地下降 0.1 度，水就会结成薄冰，因此 0.1 度的差距是冰融解与否的关键。如今地球的气温上升了 0.74 度，你可以想象会怎么样吗？

据说，地球生物能承受气候变化的界限为每 100 年 1 度。也就是说，只要超过 1 度的变化，就足以使地球生物遭到灭绝。

过去1000年间，20世纪是最热的100年，其中后50年气温快速上升，每10年上升0.13度，升幅是过去100年的两倍。目前气温上升的累积度数，正逐渐逼近1度。地球到底为什么会变得这么热呢？

越来越严重的温室效应

地球在一年中接受到的太阳能等于1万亿桶石油产生的能量。累计至目前为止，已被人类开采的石油量大约是1万亿桶，而根据估算，未来能抽取使用的石油量，大概只剩下约1万8千亿桶而已。石油是有限的能源，而人类已消耗了超过三分之一的石油，迟早有一天会用完。虽然不同的估算有所差异，但科学家都认为三四十年后，石油储量会耗竭，而从能源世界隐退。

与石油比较起来，
太阳可说是永不枯竭的
无限能源，它从来没有停止
对人类的服务。

即使有这样令人感谢的太阳，但如果地球上没有大气层，我们也没办法接受太阳的帮助。地球的大气层含有 78% 氮气、21% 氧气及其他气体。这些大气层中的气体，能够保留太阳的热能，具有如天然温室一般的功能。

地球的温室效应与玻璃温室的原理相同。阳光很容易射进玻璃，但进入的阳光没办法以相同的速度脱离至温室外，因此留下来的光转变成热能，使温室内部的空气变暖。

地球的大气层也具有相同的原理。阳光射到地球时，只有部分会被吸收，大部分都几乎被反射到空中。这时被反射的阳光中，有 10% 会被大气层挡住，留在地球大气层里，其他 90% 则成功逃离到太空。留在大气层里的 10% 的热能，经过温室效应，使地球保持平均气温 15 度。

假如地球没有大气层，会是什么情况呢？从地球表面反射的阳光，会一点都不留地完全反射到太空中，这时没有照到阳光的地球另一面，因为前一天接受的太阳热能全都被反射掉了，平均温度会降到零下 18 度。在这种温度下，任何植物都没办法生长。假如没有温室效应，地球可能会成为没有生命体的星球吧。

温室效应保留了 10% 的太阳热能在大气层内，即使地球的另一面没照到太阳，但因为大气层内的热对流，温度从零下 18 度上升到平均气温 15 度，仍然是适合生物生存的温度。也因为大气层内的热对流效应，整个地球的气温相对稳定，不会出现急剧的温度变化。

珍贵又危险的二氧化碳

地球的气温比过去上升了 0.74 度，是因为温室气体浓度升高了 1%。温室气体是由二氧化碳、甲烷、氯氟碳化物及其他氮氧化物等成分所构成的。

其中影响温室效应最大的是二氧化碳。二氧化碳是生物维持生存的必要气体之一，不过因为急速增加，对气候造成了不利的影响。

火山活动和森林火灾所排放的二氧化碳量仅占 20%，可是人类开始工业活动后，排出的二氧化碳量却高达 80%。1990 年，全球二氧化碳排放量为 212 亿吨，到 2012 年已增加到 356 亿吨。根据研究，假如二氧化碳的量增加到现在的两倍，气温会上升 3 ~ 6 度。如果任凭目前的状态继续发展，到了 2080 年时，二氧化碳的量会增加两倍。也就是说，地球变成蒸笼的日子已经不远了。

二氧化碳一旦累积在大气中，就不容易消失。就像发掘古生物化石时，科学家经常利用要花很长时间才会完全消失的碳 -14 同位素来测定化石的年代。碳 -14 平均分布于大气层，并且会与氧进行反应形成二氧化碳。

在大自然中，树木会吸收二氧化碳转化为能源，而海洋也会吸收二氧化碳，吸收的量比树木多五十倍，但消除的二氧化碳的量还是相当有限。

我们感觉吃饱时，就会自觉地不再动筷子。大自然也一样，二氧化碳的量足够时就不会再吸收，其余的二氧化碳便随着水蒸气散布到大气中，持续累积，最后地球便无可避免地越来越热。

破坏臭氧层

地球大气的平流层中有一层薄薄的臭氧层，负有重大的任务——过滤太阳紫外线。紫外线是恐怖的光线，不但会引发皮

肤癌及各种疾病，还会造成植物被晒死或产生基因突变，更会杀害海中的浮游生物，破坏生态界的基础。臭氧层就是保护地球生命体的安全措施。

2002 年 10 月，智利的蓬塔阿雷纳斯（Punta Arenas）地区发布臭氧警报，要居民都留在屋内，因为当时南极上空的臭氧层破了一个洞，面积有美国的三倍大。据说，那时不知情而外出的人们都被紫外线晒伤了。

臭氧层的破洞是氯氟碳化物中的氯和溴等温室气体所造成的。这些气体从我们使用的冰箱、冷气、喷雾剂中释放出来，平时具有间接阻挡紫外线的益处，但是用量逐渐增加后，反而成为破坏臭氧层的元凶。

这些气体上升到平流层后，在紫外线的作用下会分解成游离状态，产生催化作用，破坏臭氧层，而且不利于对二氧化碳的抑制。这些气体越多，对臭氧层的破坏就越大，也使得地球变暖的情况越来越严重。

步步进逼的气候异常现象

厄尔尼诺现象与拉尼娜现象

除了地球变暖现象之外，海洋的水温也会出现上升或下降的现象。厄尔尼诺（在西班牙语中意思是“圣婴”）现象是指海水表面比正常年均温还温暖的现象。相反地，拉尼娜现象是指海水表面变冷的现象。

海水表面温度的变化是造成全球各地区气候异常的原因之一。海水突然间上升或下降 4 ~ 7 度的话，会破坏气压和风的平衡，因而陆续出现气候异常现象。例如该晴朗的地区发生洪水，该降雨的地区发生严重的旱灾，因而遭受重大损失。冷热异常的气候像叛乱分子一样活动，有时会持续好几个月。

尤其是厄尔尼诺现象引起的气候灾害已经到了严重的地步，所以原先被称为 “上帝之子”的“圣婴”，已有人改称为“恶魔之子”呢。

冰河正在融化

冰河时期的地球，陆地上结了1000米厚的冰。海平面比现在低约60 ~ 100米。到了间冰期时，陆地的冰融化，使得海平面升高至如今的位置。

地球在冰河时期以后，留下了南极、北极冰帽及万年不化的冰河，约占陆地面积的10%，其中南极占了88%，北极占10%，其余的是冰河。

然而由于地球变暖的缘故，南极的温度比以前约上升了2.5度，因此海岸边的冰河正无声地消失中。据估算，过去30年间，南极的冰河已经消失了40%。

北极圈内格陵兰岛东南地区的冰河每年平均约融化1米。2006年，北极的夏天最高温达到22摄氏度。假如北极每年夏天的高温持续下去，到了2030年时，整片北极冰帽都有可能融化。

目前阿尔卑斯山脉的万年积雪已经消失了20%以上。喜马拉雅山脉的万年积雪也正在快速融化中，陆续形成好几个巨大的湖泊。

冰河具有平衡地球温度的功能。如今这些冰河逐渐融化，预告着灾难即将降临。我们现在就来看看，到底会出现什么样的问题吧！

海平面会上升

冰河融化，海平面因而上升，使得居住在低洼地区的人们面临巨大的灾难。过去 100 年间，海平面上升了 10 ~ 20 厘米。海水的增加会引发更多的热带性低气压，形成台风等灾害。实际上，这样的事正在不断发生。

南太平洋的图瓦卢（Tuvalu）是一座珊瑚礁围绕的美丽岛屿。然而随着海平面逐渐上升，整座岛相对下沉了 1 米。图瓦卢是座沙洲，而且最高海拔也只有 4.5 米而已。所以海岸下沉 1 米，可说是非常大的灾难，加上随时发生的暴风雨，使得居民陷入恐惧中。如果海平面照目前的速度逐渐上升，只要再过 50 年，图瓦卢就会完全沉没于海中。

孟加拉国又称为“印度之泪”。这个国家很不幸地刚好位于飓风常经过的路径上，因此在每次飓风中都会遭受大大小小的风灾或水灾。

每当飓风扫过该国时，都会产生数十万的灾民。狂风巨浪也猛烈冲蚀海岸，吞蚀农地，因此国土越来越小。据估算，如果这种状况持续下去，再过 80 年后，孟加拉国国土的 40% 都会沉没于水中。尽管如此，孟加拉国人的个性非常乐天，“幸福指数”是全世界最高的。

恐怖的地震海啸

冰河融化的现象正在预告不同于以往的地壳变动。2004年，印度尼西亚苏门答腊海域发生了很恐怖的事情——就是瞬间来袭的“海啸”。海啸是因为海中的板块错开而产生的地震海浪。当地壳中的一个板块突然下陷时，海水也会瞬间下沉，产生很高的海浪。这种海啸通常在夺走无数人命后才会平静下来。

海啸不同于一般海浪，会在大规模退潮之后，再掀起滔天巨浪，一波接一波凶猛地涌向海岸，因此才会造成很大的灾害。

根据科学家们的推断，冰河消失得越多，海啸发生的可能性越高。为什么呢？因为平常陆地被万年不化的冰河压着，但是当冰河持续减少，地壳板块就会变轻而漂浮起来，因此容易产生地震，连带造成海啸。据说从冰河期进入间冰期时，也因为冰河融化，而经常发生大地震。

可怕的大自然灾害

异常气候就像是在火上加油。下雨时经常过于猛烈，干旱时则总是热浪不断。

每年被热带性低气压影响的国家都很受困扰。1998 年，飓风带来的洪水，使得洪都拉斯整个国家差点灭顶，仅仅两天的时间，就损失了一整年国库收入的 60%，国家经济遭到重创。

2005 年，卡特里娜（Katrina）飓风带来的水灾，使得美国新奥尔良（New Orleans）几乎变成潜水艇，造成高达 1250 亿美元的损失。

台风和气旋在亚洲地区就像老主顾一样经常光顾。一到夏天，这爱凑热闹的顾客就隔三差五登门造访，使得河川泛滥，造成无数的灾害。

过去30年间，亚洲地区死亡的人之中，有相当部分的人是因大自然灾害而丧生的。以中国为例，2012年有2.9亿人次遭受自然灾害，1300多人死亡。欧洲也常受到洪水的侵袭，而使欧洲泛滥成灾的十大洪水中，九次都是在过去20年间发生的。

相反地，因旱灾和热浪而受害的地区也逐渐增加。内蒙古地区几乎不下雨，游牧民族的生计因而受到威胁。干燥的沙尘暴则造成周边沙漠化，被风吹袭的沙尘，在一夜之间飘移200 ~ 400米，堆积成如丘陵一样高的沙丘。

蒙古的乌兰湖本来是比杭州西湖大二十多倍的湖泊，但经过长久的干旱，湖水快速蒸发，到了2000年时已完全干涸。牲畜因为喝不到水、吃不到牧草而集体死亡，游牧民族也处于被迫离乡背井的危机中。

严重的旱灾到处肆虐，连经常降雨的热带地区都不放过。印度尼西亚因为长期的干旱，茂密的原始林发生火灾。每次发生森林大火时，浓烟都会扩散到周边国家，造成混乱，新加坡和马来西亚的人们外出时都要戴上口罩好一段日子。最近则轮到希腊和美国遭受严重的旱灾，引起森林大火，使得整个国家陷入噩梦中。

每到夏天时，全欧洲都会遭受热浪侵袭，人们因而浑身难受。2003 年以来，约有 10 万人因超过 40 摄氏度的热浪而丧生，其威力一直持续到今天，因此有些欧洲人把热浪视为冥府使者。

热浪发威时，气温高过我们的体温，因此会破坏生理节律（biological rhythm）。超过 40 度的温度有如在桑拿的高温中大量流汗，所以气温上升到超过人类的体温时，便很难保持生理均衡，很多老人因热浪而死亡的原因也在于此。

地球长期遭受热浪袭击的话，居住在地球上的人类势必承受更多的痛苦。科学家们预言，人类可能会遇到的灾难如下：

上升一度时

安第斯山脉（Andes）的万年积雪全部融化、流进海里，无法再供应饮用水给周边居民，结果 5000 万人因饮用水不足而面临生存威胁。部分地区因为高温孳生大量蚊虫，导致 30 万人以上罹患疟疾和其他各种疾病而死亡。

上升二度时

海边低洼地带的1000万居民，会因洪水丧失家园。约5000万非洲原住民可能会感染疟疾。15%~40%动植物会灭绝，热带农作物的产量也大幅减少。

上升三度时

亚马逊热带雨林会被破坏，南欧每十年会发生一次严重的旱灾。农作物枯死，影响到1亿5000万~5亿5000万人，因得不到粮食而面临生存危机。20%~50%的物种可能会遭到灭绝。

上升四度时

频繁地发生洪水，700 万 ~ 3 亿人受灾，北极苔原也因而消失。

上升五度时

喜马拉雅山脉的冰河融化，周边的饮用水源因而干涸，导致数亿人饮用水不足，生存受到威胁。

海洋也因而酸化，可能导致水中生态快速瓦解。

上升六度时

95% 的地球生物会遭到灭绝。

四季分明的中国

中国的气候四季分明，自古以来就是个农业非常发达的国家。虽然时代变迁，但中国古人制定的农历，依然是农民进行耕种时，重要的参考根据。

中国古人将一年十二个月分成二十四节气，例如，立春表示春天的开始；夏至是白天最长的一天；冬至则是白天最短的一天。

这些节气是按照农历来排定的，让农事的时间符合气候。因此我们的祖先只要看农历，就能知道什么时候该进行什么农事。节气反映了地球环绕太阳运动的过程，是每年季节变化的重要指标，因此对农业生产非常重要。

现代的农民仍然参考二十四节气来进行耕作。可是现在不像以前，不太准确的气候周期使得农事时间产生问题。以插秧为例，由于北方的气温比南方低，因此北方比南方要晚一段时间插秧。但是最近有些北方地区的插秧时间往前提早了一些，这应该是受到了地球变暖的影响。

四季即将消失？

中国从1908年到2007年的100年间，平均气温升高了1.1摄氏度，等于每十年的增温幅度为0.11度。而1980年以来，尤其在2000年以后，增温的趋势更加明显。

由于气温上升的缘故，春夏拉长了，冬天也缩短了。春天和夏天之间的界线已经越来越模糊。刚进入4月，初夏的天气便开始发威。从南北地理位置差异来看，北京到上海的直线距离约1084千米，两地的年平均温差约3.5度；而受全球变暖的影响，实际上最近百年来，中国的等温线已经向北移动了相当一

段距离。

从现在的状态来推测，到2100年时，全球平均气温会上升约3度。气温上升0.74度就导致地球变暖，何况上升3度，到时会怎样呢？

从1873年至2007年，上海年平均气温的升温率为每100年上升1.43度，明显高于全球平均的0.74度。35度以上的高温天气越来越多。。

遽变的气候在预告什么呢？首先可以预测的是，在不久的将来，亚热带的四季分明可能变成回忆吧，因为现在已经出现热带气候的征象。

针叶林越来越少

中国台湾的山脉中，针叶林多生长于海拔1400米以上，阔叶林则多生长于海拔2300米以下。然而气候越来越温暖，山脉中的植被也起了变化。原本耐寒性强的针叶林逐渐减少，而喜欢温暖的阔叶林则多了起来。

百年来，由于地球变暖，生物生存的临界温度的垂直高度，不断向上提高，压缩了中高海拔生物的生存空间。如果气温持续上升的话，针叶林的领域可能逐渐被阔叶林入侵。快速的植被变化，会影响到森林的生态，造成危害，因为食物问题会使得草食昆虫消失，也会提高森林火灾发生的概率。

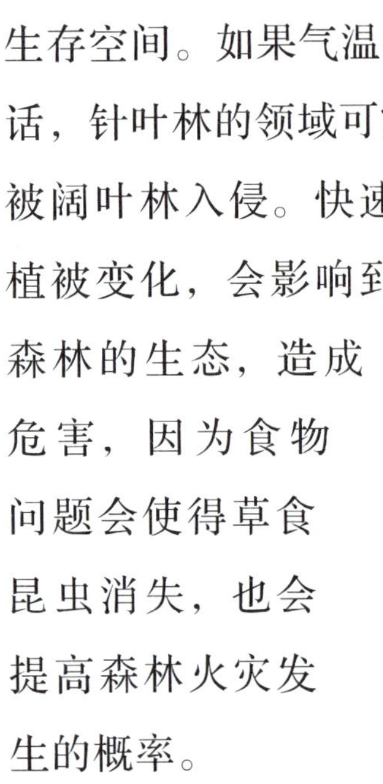

密集大暴雨变多了

地球变暖以来，热带性低气压更频繁地产生，而且规模也变大了。炎热的天气更常常带来密集大暴雨。山崩和淹水地区也因而扩大，造成很大的灾害。游击式的暴雨会集中攻击一个地区，每小时 20 毫米以上的激烈雨势，一瞬间就能淹没、摧毁农地和村落。

台湾年平均降雨量为2150毫米，大部分的雨水是在梅雨季与台风季时降下。密集大暴雨严重时，一夜之间可能降下200 ~ 500毫米以上的恐怖雨量，这类暴雨通常在台风来袭时发生。

台湾地理环境特殊，不但地形陡峻，地质也较脆弱，1999年“9·21”大地震之后，每逢台风大暴雨期间，泥石流发生的频率与规模都比往年大幅提高；加上地球变暖引起的气候异常，不断发生瞬间密集降雨或持续特大暴雨，都造成多处山区爆发严重泥石流灾害，危害当地居民、游客的生命财产安全，也阻断了对外的交通联系。

海洋的水温上升

每年中国近海都会发生赤潮（red tide）现象。赤潮是某些红色的浮游生物将海水表面染成红色的现象。有时海水也会被不同的浮游生物染成黄、绿和褐色，但都统称为赤潮。海洋的水温上升或是海水受到污染时，赤潮会以很快的速度扩展。

发生赤潮时，浮游生物抢着用掉水中的氧气，使得鱼儿因氧气不足而死亡。赤潮会导致渔场荒废，渔民捕不到鱼。

以前渔民只要一撒渔网，就能捕到好多鱼。但近年来不少渔场的海水温度上升，害得渔民常常空网而回，因为鱼群迁徙到更寒冷的北方后就不回来了。

地球气候变暖对中国近海有明显的影响，尤其是1976年以后，中国近海的冬夏季风变弱，引起冬夏季海水表面温度上升。据统计数字显示，1990年代，中国近海赤潮平均每年发生20多次，到2002年，上升为79次，2003年更达119次。

赤潮不但会影响鱼类的生存，由于赤潮藻类本身有毒性，也会威胁人类的健康和生命安全。赤潮的频频发生，警示了中国海洋生态系统的恶化。由于海洋生态遭到破坏，滨海湿地消退，红树林和珊瑚礁的生长环境也被破坏，海洋珍稀物种减少，中华白海豚数量骤减。

地球变暖的元凶

请减少使用化石能源

不管怎样，地球变暖的主嫌就是人类，而气候异常就是对人类罪状的惩罚。

在工业活动中，排放二氧化碳最多的就是煤、石油、煤气等化石燃料。

火力发电厂为了发电，而用掉大量的化石燃料。汽车如果不加油或充电，一步都不能动。工厂或家庭也一样，没有化石燃料，一整天都很不好过。

全球化石燃料排放的二氧化碳，占大气中二氧化碳总量的50%以上。使用的化石燃料累积到现在，已经将大气层的空气烧得热热的。

目前尽可能减少使用化石燃料是最要紧的功课，不过要改掉这习惯可不是那么简单。一直以来，人类都依赖着电与石油所带来的便利生活，不可能立即踢开它。化石燃料只须少量使用就可发挥巨大功能。以现在的状况，还找不到能完全替代它的新能源，这是个大问题。我们在获得新的无公害能源之前，只能继续抱着化石燃料不放。

即使如此，为了减缓地球变暖，也有必要与化石燃料保持适当的距离。要用什么办法保持距离呢？

减少开私家车，尽量搭乘地铁或公交车，就可以减少不必要的废气排放。非自己开车不可的人，就换小型车。

外出时记得关空调。电暖器必要时才使用。离开房间或洗手间时，养成随手关灯的习惯。减少使用琐碎的能源，对减缓地球变暖也有非常大的帮助。

减少甲烷排放

被归类为温室气体的甲烷，对地球变暖的影响程度占了15% ~ 20%。甲烷主要是在自然发酵过程中排放，例如从散布各地的垃圾掩埋场和牲畜的排泄物中排放出来，其实这也是人类的工业活动导致的结果，人类制造的垃圾一天比一天多，垃圾掩埋场也跟着增加；此外，为了获得肉类而饲养很多牲畜，因此排泄物也跟着增加。你们察觉到该怎么做才可以减少甲烷排放了吗？

请减少制造垃圾。甲烷的排放量会随着垃圾量而增加。丢垃圾时一定要做好垃圾分类，以尽可能再回收使用。

请减少肉类的消费，多吃蔬菜。因为肉类的消费量大，要饲养的牲畜量就会增加。多吃蔬菜，对健康也有益。

爱护森林

地球上的森林每年会消失 1%。滥伐森林是过去 40 年间二氧化碳增加 15% 的主因。树木是吸收二氧化碳的重要角色，但是原本茂盛的森林因为森林火灾及滥伐而成了光秃一片，吸收二氧化碳的速度也就大幅减缓。

破坏森林的行为主要发生在东南亚和亚马逊地区的热带雨林，原住民为了耕种而故意放火烧毁森林，这种耕种方法叫做“刀耕火种”，也就是焚火种田，用草木灰作为基肥的耕作技术。

以“刀耕火种”开垦的土地，大概从第三年起，土里的养分就会不足，农作物没办法好好生长。因此每隔两年，原住民便另找一处森林放火，以便耕作新田。因为这样而逐渐消失的森林占全球遭破坏森林的70%。其余30%的森林则是由于人类为砍伐木材使用而消失。

这种问题不可能靠个人的力量解决，应该由全世界所有国家同心合力才可以。热带雨林可说是地球的氧气工厂，只有所有国家一起维护森林，才能够让地球有充足的洁净氧气。请各位小朋友也怀着这种心情，好好照顾周围的森林！

减少使用化肥

化肥和农药的使用也不可忽视。农民为了滋养农作物及消除害虫，而使用化肥和农药，但因此使得农地的二氧化碳排放量过高，有15%的二氧化碳都是由农业用的化学物质所产生的。

农民应该减少使用化肥和农药。化学物质会直接或间接伤害我们，如果你们的邻居、亲戚或家人是农民的话，请推荐他们采用自然农法。

面临枯竭的化石燃料

人类文明初期的主要燃料是木柴，人们使用木柴生火来取暖。那个时代烧木柴无论排放出多少烟，也不会产生过多的温室气体。

主要能源从木柴转变为煤炭的时期，温室气体逐渐增加，接着出现石油，二氧化碳的排放量更是急速累积。此后煤炭和石油成为工业生产的基础，持续燃烧了100年以上。

二氧化碳的排放量与化石燃料的使用量成正比。直到不久前，全世界排放二氧化碳最多的国家都是美国，美国化石燃料使用量占全球的四分之一，二氧化碳的排放量也占25%。

近年来，中国的二氧化碳排放总量逐渐赶上并超过了美国。不过，2011年中国的人均排放量仍然仅为6.6吨，相对偏低。排名在前者多为中东产油国家。

气候和环境的变化，让各国产生了危机意识，因为化石燃料是造成地球变暖的主要因素，于是将关注焦点集中在化石燃料上。

世界各国一起开会，大家同意减少使用化石燃烧。以此为基础，讨论出削减温室气体排放的协议《京都议定书》。议定书的主要内容是，大家承诺将二氧化碳及温室气体排放量降至1990年水准，并再减5.2%，还决定由38个发达国家优先遵守这项协议。

当时很多被归为发展中的国家，未被列入第一波优先遵守协议的名单中。如今已有不少发展中国家的二氧化碳及温室气体排放量大增，而且有逐年增加的趋势，因此可能很快就要被列入必须削减温室气体排放量的国家名单中。

被称为“世界工厂”的中国和印度等，国土面积大，温室气体的排放量也很多。虽然未被列入必须削减温室气体排放量的发达国家名单，但还是有必要率先自行削减温室气体排放。

科学家们估算，温室气体排放量降至1990年水平后，还要再减50%~60%，才能看到防止地球变暖的实际效果。不过光是再减5.2%，发达国家都已觉得很有压力。

困难的原因是，为了降低温室气体排放量，首先要减少使用化石燃料，但能够替代化石燃料的能源不足。而且就算耗费巨资开发出了替代能源，经济价值又不大，所以才会犹豫不决。

美国觉得这种压力太大，到了 2001 年时索性退出“温室气体削减协议”。如果美国要削减温室气体排放量，必须付出天文数字的环境净化负担费用。算一算，这对温室气体排放量巨大的美国来说，非常不利。

美国是拥有多家世界最大石油企业的国家，只要继续生产石油，那些企业就可以赚进大把大把的钞票。也就是说，什么事都不做，光卖石油，就能够继续当富翁。事实如此，他们何必自己踢开金饭碗，另外再花大钱呢？

美国回避责任，只管追求眼前的利益，其他国家也跟着动歪脑筋。原本应该负担温室气体削减义务的国家，逐渐不愿意遵守当初的约定，总是提出各种借口，只想要求降低自己国家温室气体的削减比率。幸好俄罗斯以坚强的意志信守承诺，使得《京都议定书》能够发挥力量。

要求签约各国按照《京都议定书》的目标，来削减各种温室气体，在实行过程中困难重重。最后到底有没有办法完全实践呢？现在谁也不能确定。

替代能源与环境

地球变暖并不是一两天之间发生的事。气候是正直的审判长，每当环境的状况变糟时，便会发出各种警讯。人类总是到最后才觉悟到环境的重要性，然后开始努力挽救。

如今，环境问题并不是可以用抽签决定的，而是必须严肃面对。无论是谁，如果轻忽环境就不会有未来。

在迈向未来时，能源与环境都是非常重要的角色。现在迫切需要找到能够取代化石燃料的替代能源。

世上最好的能源就是不会产生污染的太阳。太阳的热能不但比石油燃烧的热能高了1000倍以上，还可以无限使用。

即使如此，目前我们利用的太阳能还不到0.2%，因为科学家还没开发出能高效率储存太阳能的技术。

目前全球各地都在利用各种无公害能源，或正在开发中。中国的无公害能源开发情况如何呢？下面让我们一起来探索一下。

风力发电

这是利用风力生产电能的方法，必须设在风多的海岸或高地带才有效。到2012年底，中国的风力发电装机已增加至6300万千瓦，成为世界第一风电大国。无论我们行走在西北戈壁滩还是东部沿海，都可以在风力资源丰富的地区看到高高耸立的风力发电站。

近海风力发电由于不需要占用土地，对环境的影响更小，因而在拥有漫长海岸线的省区有着广阔的发展前景。2013 年，中国计划新增风电装机 1800 万千瓦。风力发电已成为中国第三大主力电源。

太阳能发电

这是设置集热板，以便聚集太阳热能转为电力的方法。房子或大楼若装设太阳能设备，可以节省约 30% 的传统用电量。缺点是，相较于设置费用，能量转换的效率不够高，而且阴天时没办法获得电力。

2012 年底中国太阳能发电容量为 328 万千瓦。预计到 2015 年，中国太阳能发电容量将达到 1000 万千瓦，进入较大规模的应用阶段，从而大幅度减少二氧化碳的排放量。

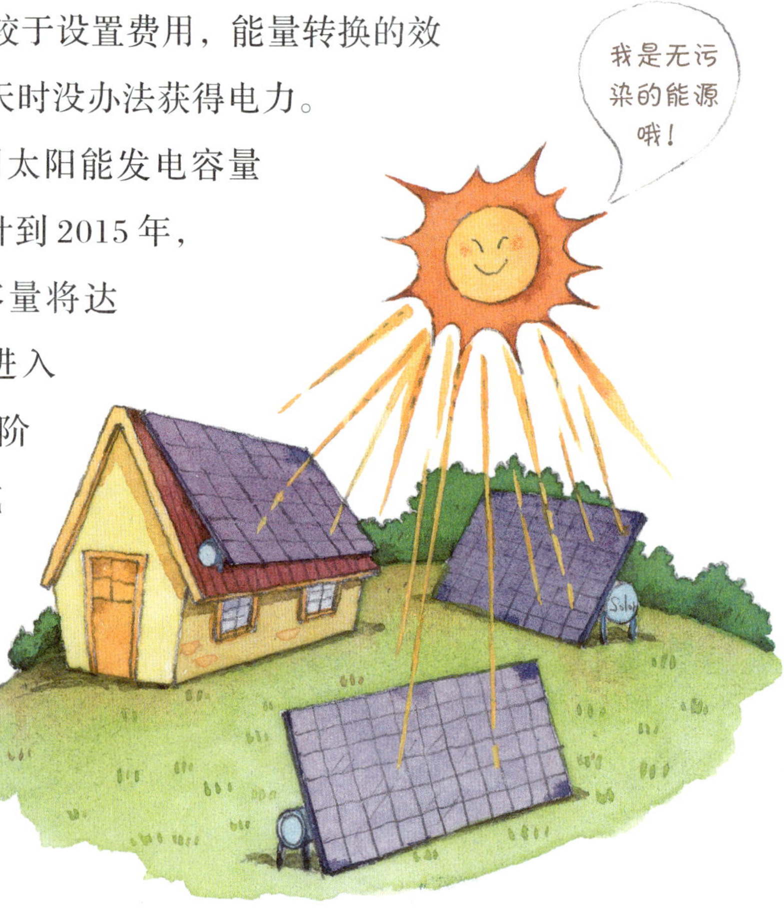

地热能源

这是抽取 20 ~ 150 度的地下水及高温蒸气，用来取暖或蒸气发电的方法。缺点是，水质如果太酸，容易破坏管线及机具；水中的碳酸钙也容易结垢，阻塞管线。

中国地热资源丰富，地热发电也起步较早，但一直发展缓慢，原因之一是地热发电技术尚未突破。2010 年，在全球 24 个已利用地热发电的国家中，中国仅排在第 18 位。不过，地热发电已经纳入中国可再生能源发展战略规划，到 2015 年，发电容量将达到 10 万千瓦，形成较完整的产业体系。

水力发电

将水储存在水库里，再利用水由高处落下的力量来发电的方法。必须先在河川水位落差大的地区盖水库与发电厂，建设费用高，而且在雨量较多的时候才能发电。

2004 年以后，中国就一直是全世界最大的水力发电国家。一大批世界顶级的工程、一大批世界顶尖的技术已在中国兴起。2012 年，中国水电发电量已占到全国总发电量的 17.4%。

潮汐发电

利用涨潮和退潮的潮差来发电的方法。一次能产生大量的电力，但需要庞大的建设费用。

中国潮汐能资源蕴藏量巨大，主要集中在福建、浙江、江苏等省的沿海地区。中国的潮汐电站技术也领先世界。但是，潮汐发电的成本过于高昂，这成为阻碍潮汐电站发展的最重要因素。

氢氧能源

以氢氧为燃料的燃料电池，由于价格便宜，发电后产生纯水和热，对环境无害，而广受瞩目，但由于无法提供大量电能，只能用于汽车动力等平稳供电上。

甲烷水合物

又称为“可燃冰”的新能源，它会发挥类似天然气般的热量，因此可以成为第二能源。可是它埋在海底，很难挖掘，而且该怎么保存也是待解决的问题。

以中国为例，2012年电源结构中火力发电占78.6%，水力发电占17.4%，核能发电占0.02%，风力发电占0.02%。

排名第一的火力发电，使用恶名昭彰的化石燃料，会排放大量二氧化碳，造成公害；而核电厂运转后产生的核废料，对环境也有不良的影响。近年来受到煤价高昂及环保政策的约束，中国各大电力集团已逐渐将发展重点放在水电和新能源上，火力发电的发展将受到限制，中国的电源结构有望得到优化。

但是只要停电一天，人们便不断抱怨无法过活。假如工业因电力不足而停工的话，国家经济也将受到很大的打击。

从替代能源不足的现状来看，核能发电还是比火力发电更有利。大家都明白，石油再过一段时间就会枯竭。就算能挖掘到隐藏的石油，也会在一百年内用尽。而且石油存量日减，会使原油价格越来越高。

对已经成为石油进口国的中国而言，不得不考虑现实上的选择。我们已经被文明驯服，一时间很难放弃进步又便利的生活方式。

能源和环境问题需要国家和公民一起共同负担。如果我们不愿兴建对环境造成危害的发电厂，就要做出符合这项要求的努力，政府要积极投资开发替代能源，公民则要养成节约使用能源的习惯。否则气温会持续上升，我们也脱离不了恐怖的环境灾害。

气候常识问答

各位读者已经了解气候以及相关的能源问题了。现在就来测试一下，看你到底了解多少。

01 天气是指一天或几天的________状态。

02 ________会把明天的天气先告诉我们。

03 气象和气候的意思是相同的。（○×）

04 以过去累积的气象资料为依据，能够预测一年后的________。

05 将全球区分成十八种气候的德国气象学家是哪一位？

06 华南大部分地区属于亚热带气候。（○ ×）

07 华南地区的梅雨季是在每年 ______ 。

08 西欧受哪种气候的影响？

09 热带气候的国家都集中在 ______ 附近。

10 北极和南极属于寒带气候。（○ ×）

11 泰加林带（taiga）属于哪种气候圈？

12 四季分明的国家都集中在南半球中纬度地区。（○ ×）

13 地轴向右倾斜几度？

14 产生季节是因为 ______ 和 ______ 的位置变化。

15 什么使空气移动？

16 风从冷地区吹往热地区。（○ ×）

17 白天时，风从 ________ 吹向 ________ 。

18 冬天时越过台湾中央山脉吹向山下的是什么风？

19 在水面上发生的龙卷风叫做 ________ 。

20 强烈的龙卷风又称为飓风。（○ ×）

21 华南地区冬天吹什么风？

22 春天时挟带沙尘暴吹过来的是 ________ 。

23 大气的重量所产生的压力称为 ________ 。

24 气压高就是低气压，气压低就是高气压。（○ ×）

25 天气晴朗时的气压是高气压。（○ ×）

26 低压槽在________发达时会产生。

27 像千层糕一样一层层叠起来的云称为什么？

28 ________是阴雨天时从云层击向地面的放电现象。

29 雷声是闪电时所产生的声音。（○×）

30 收集闪电后传导至地底的装置是什么？

31 每年都会来中国沿海拜访的热带性低气压又称为________。

32 经常席卷美国的热带性低气压又称为________。

33 所有的热带性低气压都是在陆地上形成的。（○×）

34 每年发生的多个台风都有不同的名字。（○×）

35 台风的中心气压以 ________ 为单位。

36 地球的平均气温比一百年前上升了 0.74 度。（○ ×）

37 ________ 是大气层留住部分阳光而使地球保持温暖的现象。

38 地球越来越热，是因为 ________ 。

39 对地球变暖影响最大的气体是什么？

40 可阻挡紫外线的大气层组成部分叫做 ________ 。

41 海水温度长期上升时会发生拉尼娜现象。（○ ×）

42 会导致异常气候的“恶魔之子”是 ________ 现象。

43 地球的冰河越来越少。（○ ×）

44 目前逐渐被海水淹没的岛国之一是图瓦卢。（○ ×）

45 孟加拉国每年都因台风而受重创。（○×）

46 海中的板块错开而产生的地震海浪称为什么？

47 内蒙古的部分地区正在沙漠化。（○×）

48 长久吹袭干燥的风会形成旱灾。（○×）

49 超过 40 度的热天气称为什么？

50 中国南方一些地区可能从原本的亚热带气候转变成______。

51 海水变红的现象称为______。

52 暖流性鱼类增加的原因在于海洋的水温降低。（○×）

53 煤炭、石油等称为什么燃料？

54 森林越来越少，二氧化碳的排放量越来越多。（○×）

55 我们需要能取代化石燃料的＿＿＿＿。

56 地球上最大的能源是什么？

57 请说出可以减少二氧化碳的具体做法。

答案

01 气象｜02 天气预报｜03 ╳｜04 气候｜05 柯本｜06 ○｜07 五、六月｜08 地中海型气候｜09 赤道｜10 ○｜11 亚寒带针叶林气候｜12 ╳｜13 23.5 度｜14 太阳、地球｜15 风｜16 ╳｜17 海面、陆地｜18 落山风｜19 水龙卷｜20 ○｜21 东北风｜22 盛行西风｜23 气压｜24 ╳｜25 ○｜26 低气压｜27 积雨云｜28 闪电｜29 ○｜30 避雷针｜31 台风｜32 飓风｜33 ╳｜34 ○｜35 百帕｜36 ○｜37 温室效应｜38 地球变暖｜39 二氧化碳｜40 臭氧层｜41 ╳｜42 厄尔尼诺现象｜43 ○｜44 ○｜45 ╳｜46 海啸｜47 ○｜48 ○｜49 热浪｜50 热带气候｜51 赤潮｜52 ╳｜53 化石燃料｜54 ○｜55 替代能源｜56 太阳能｜57 节约能源

气候相关名词解说

降水量：在一定地区降下的雨或雪等的总量。

赤道：将地球分成南半球和北半球的 0 纬度线。

高气压：比周围空气压力高的气压。

中纬度：位于北半球或南半球纬度 30 至 60 度间的地区。

自转：地球围绕自己的中心轴而旋转。

公转：地球以一定的周期绕着太阳转。

地心引力：地球吸引物体的力量。

盛行西风：全球性的大规模风带，位于中纬度地区，偏往东方吹袭。

放电：带电的能源往外渗出的现象。

地质年代：指地球上各种地质事件发生的时代。

冰河期：雪和冰覆盖地球的时期。

间冰期：在冰河期和冰河期之间，因为雪与冰融化而变温暖的时代。

桶：计算石油量的单位。一桶等于 158.9 升。

二氧化碳：可燃性物质燃烧时排出的无色气体，比空气重 1.5 倍。

平流层：距离地表 10 ~ 50 千米之间的大气层组成部分。

臭氧层：距离地表 20 ~ 25 千米之间含有臭氧的大气层组成部分。

基因突变：细胞中的遗传基因发生改变。

地球变暖： 地球的气温越来越高。

冰帽： 巨型的圆顶状冰盖，覆盖山顶、整座山体或高原。

万年积雪： 高山顶上一整年都不融化的雪。

地壳变动： 地面裂开或上下错动引起的地震现象。

游牧民族： 四处放牧牲畜，逐水草而居的人们。

海洋酸化： 由于吸收大气中过量的二氧化碳，海水逐渐变酸的过程。

农历： 又称为夏历，俗称阴历，设置二十四节气以反映季节的变化特征。

针叶树： 松、柏等长有针状叶的树。

阔叶树： 橡树、柿子树等长有宽阔叶子的树。

植被： 植物聚集生长在一定的区域。

公顷： 计算土地面积的单位。一公顷等于 10000 平方米。

集热板： 以较高热传导系数的铜、铝等金属作为基板，上方涂装一层具高热辐射吸收率的近黑色薄膜，以利太阳热能之吸收。

潮差： 涨潮和退潮时的海平面高低差。

太阳黑子： 太阳光球层的临时现象，黑子区域的温度比光球层上其他区域低，对比之下较冷，所以呈黑色。

碳 -14： 碳元素的一种具放射性的同位素，半衰期约为 5730 年。

半衰期： 指放射性元素的原子核有半数发生衰变时所需要的时间。

索引